博赞脑力训练手册

之 思维导图

BUZAN BITES: MIND MAPPING

［英］东尼·博赞（Tony Buzan） 著

鹿丹丹 译

图书在版编目（CIP）数据

博赞脑力训练手册之思维导图 /（英）东尼·博赞著；鹿丹丹译. — 北京：北京联合出版公司，2016.6

ISBN 978-7-5502-7727-4

Ⅰ. ①博… Ⅱ. ①东… ②鹿… Ⅲ. ①思维方法—通俗读物 Ⅳ. ①B804-49

中国版本图书馆CIP数据核字（2016）第107185号

BUZAN BITES: MIND MAPPING, 1E
ISBN: 978-0-5635-2034-4
Copyright © Tony Buzan 2006

This translation of Buzan Bites: Mind Mapping 1/e is published by Pearson Education Asia Limited and BEIJING UNITED PUBLISHING CO LTD by arrangement with Educational Publishers LLP, a joint venture between Pearson Education Limited and the BBC Worldwide Limited.

All rights reserved. No part of this book may be reproduced or transmitted in any form or by any means, electronic or mechanical, including photocopying, recording or by any information storage retrieval system, without permission from Pearson Education, Inc.

CHINESE SIMPLIFIED language edition published by PEARSON EDUCATION ASIA LTD., and BEIJING UNITED PUBLISHING CO., LTD Copyright © 2016.

本书封面贴有Pearson Education（培生教育集团）激光防伪标签。无标签者不得销售。

博赞脑力训练手册之思维导图

作　　者：[英]东尼·博赞	译　　者：鹿丹丹
选题策划：后浪出版公司	出版统筹：吴兴元
责任编辑：王　巍	特约编辑：费艳夏
营销推广：ONEBOOK	装帧制造：墨白空间·李海超

北京联合出版公司出版
（北京市西城区德外大街83号楼9层　100088）
北京盛通印刷股份有限公司印刷　新华书店经销
字数83千字　690毫米×960毫米　1/16　6印张　插页4
2016年8月第1版　2016年8月第1次印刷
ISBN 978-7-5502-7727-4
定价：26.00元

后浪出版咨询（北京）有限责任公司　常年法律顾问：北京大成律师事务所　周天晖　copyright@hinabook.com
未经许可，不得以任何方式复制或抄袭本书部分或全部内容
版权所有，侵权必究

本书若有质量问题，请与本公司图书销售中心联系调换。电话：010-64010019

前　言

像其他孩子一样，当我还是一个小男孩时，我就着迷于记忆力的概念。虽然我看不到它，也不知道它长什么样子。但是我知道我的记忆一直在那里工作，这令我很惊奇。

我困惑的是：一方面，我的记忆力在如此高效地运作，以致我很难察觉我的思绪；但是另一方面，尤其是当我需要在学校里或者在考试中回忆实际事实时，它似乎"舍弃"了我。

随着我的年龄越来越大，我对记忆力就越来越着迷，并全身心地投入到加强和改善记忆途径的方法研究中，以便自己能最优地利用我们身体构造中最神奇的部分——大脑。这指引我发展了在世界范围内被广泛使用的思维导图®技能，本书将告诉你这种特殊的记忆加强方法。即使已经在这个领域工作了30多年，我仍为大脑和记忆力的工作内容，以及我们每个人有多少已经拥有却未被开发的潜力感到惊奇。

此刻，作为正在全球范围内进行的大脑和记忆力功能研究中的一员，这激动人心。21世纪已经被称为"头脑世纪"，我们已经进入了一个非常令人振奋、探索和大脑觉醒的时代。

因为没有任何其他人可以像你一样去观察、感受你自己的生活，所以你的记忆力和记忆系统对你而言是独一无二的。只有你知道自己如何经历了这个世界，并且只有你能选择何时以何种方式回忆过去。你可能会发现你能明如水晶般地回忆一些事，然而这些事在其他人看来却如泥水一样浑浊或如飞行中的蝴蝶一样难以捕捉。但是当你阅读完这本书时，你将能以惊人的清晰度记得你希望记住的每一件事。因为你有工具，所以可以比以前更高效、更有力地使用你的大脑和记忆力。

对大脑运作方式的迷恋发展成了我一生的热爱。本书包含了我这些年在此领域中研究脑力认知（Mental Literacy）技能的精华。无论你是7岁、17岁、77岁或者107岁，你均能从这些技能中受益——希望你能如同我一样，为此受益感到兴奋。

享受你的思维训练之旅吧！

目 录

前　言 ………………………………………… 1
专业术语 ……………………………………… 4
导　言 ………………………………………… 5

第一章　什么是思维导图®？……………………… 1
第二章　思维事项 ………………………………… 7
第三章　发散性思维® …………………………… 13
第四章　思维导图®规则 ………………………… 21
第五章　创建一幅思维导图® …………………… 41
第六章　适用于任何场合的思维导图 …………… 55
第七章　教育行业中的思维导图 ………………… 65
第八章　职业生涯中的思维导图 ………………… 71
第九章　未来的思维导图 ………………………… 83
出版后记 …………………………………………… 87

专业术语

关键

放在"词"或"图像"之前的词语"关键"不仅仅意味着"这很重要",它还意味着这是"记忆的关键"。关键词或关键图像是刺激大脑并开启记忆之门的至关重要的触发器。

关键词

关键词是一个特殊的词,其被选择或创建为一些你希望记忆的、关于一些重要事项的独特参考点。词语刺激大脑左半球,这是一个管理记忆的至关重要的因素。但是当它们独自发挥作用时,并不像你花时间绘制它们并将其转换成关键图像时那么高效。关键词转换成关键图像时,它们尤其能刺激大脑的两个半球。

关键图像

关键图像是记忆的基石,在我的思维系列丛书中,它们被称为关键词图像(详情请见"拓展阅读"),因为它们被认真地创建成在释放深层存储记忆过程中发挥至关重要作用的词语-图像合作物。关键图像要比图片多很多,它是一个与关键词连接并关联的图像。利用记忆力原则,它可以刺激你的想象并重建相似的联想。一个有效的关键图像可以刺激你大脑的两个半球,并利用你所有的感觉。关键图像是思维导图和记忆技能的核心。

导 言

思维导图®是一个充满活力并令人振奋的工具，它可以将所有的想法和规划变成更灵巧、更快捷的行动。思维导图的创建是一种探寻你大脑无限资源的革命性方式，它使你做最合适的决策，同时理解你的感觉。

你们之中那些比较熟悉我的书籍的人将会了解到：在我的学生时代，为了努力高效率记笔记，我第一次提出了思维导图的概念，将其作为一种学习和记忆的工具。

非凡的经历和快速的个人成功使我意识到：思维导图可作为自我蜕变的有力工具和使我们每个人充分发挥天赋能力的方法。我有一种愿景和抱负，希望思维导图可以成为一种影响一代人、商业思想家和教育家的媒介。在过去的30多年中，全世界各行各业和各阶层的人们使用思维导图作为最大程度发挥自身潜能和实现自我成长的方法。对我而言，这是幸福和满足的巨大源泉。

思维导图可以使我们充满自信地规划生活的各个方面。它们是交流、解决问题、创造梦想、教学、复习、管理时间和回想记忆的工具。它们自身也是艺术的创造。

针对那些对思维导图感到陌生的人们而言，本书是学习思维导图技能、应用及其基本规则的理想起点。

首先你将能更多地理解记忆力是如何工作的，其次因为思维导图概述了所有的创造性原则，所以学习思维导图对刺激有效回忆和长期、短期记忆是必要的。

我希望你在思维导图的旅途中获得极大的乐趣和成功。

第一章 什么是思维导图®?

本书会介绍将在你的学习和个人发现中发挥最大效用的工具之一。思维导图是利用关键词和关键图像对信息（常常是理论信息）进行存储、组织和优化排序的一种方法，其中的每一个都将触发特殊的记忆并鼓励新的想法和点子。思维导图中的每一种记忆触发器都是开启事实、想法和信息的关键，同样在释放你那令人惊奇的大脑的真正潜力上，它也是一个关键因素，你将能实现自我。

这听起来像是一个了不起的宣言！思维导图效力的重要来源在于它动态的形状和形态。它被描述成脑细胞的形状和形态，并旨在鼓励你的大脑以迅捷、高效、自然的方式工作。

每当我们看到一片树叶的脉络或者一棵树的枝条时，我们就看到了自然界中重现脑细胞形状、反映自我创建和关联方法的"思维导图"。如同我们一样，自然世界一直在改变和再生，并有一套看似与我们自身相似的交流体系。思维导图是一种自然的思考工具，它利用这些自然架构的启发和效力。

你在哪里可以使用思维导图®？

思维导图可以应用于生活的各个方面。下面的列表仅包括几个例子：

⊙ 在学校：阅读、复习、记笔记、开发创造性的想法、项目管理、讲课。

- ⊙ 工作中：头脑风暴、时间管理、项目开发、团队构建、作报告。
- ⊙ 家庭生活中：目标优选、项目规划、生活规划、购物、事项和家务管理。
- ⊙ 社会：记录重要日期、记忆人物和地点、规划假期和社交活动、交流。

思维导图能帮助我们高效地规划、有效地管理信息并增加个人成功的潜力。把思维导图作为日常生活的一部分，并定期审查个人进度的那些人经常这样反馈：他们感到很自信，他们的目标可以实现并且他们正步入实现目标的轨道。

当目标或目的不太清晰时，思维导图也常常能发挥作用。生活中，我们每个人都经历过对未来感到不太明了的时刻。此时，思维导图对解决问题来说极为重要。面临困难决策时，要记住极其重要的一点：有目标总比无目标好。用思维导图规划未来愿景的益处是，它能使你掌控自己的人生——并提醒你，自己拥有选择行动和反馈的自由。

思维导图同样能帮你形成更有创造性的想法和方案，并看清：

- ⊙ 你在哪里：你的梦想、你的抱负、你的问题和你的理想。
- ⊙ 你是谁：在家、工作中、闲暇时、人际交往中。
- ⊙ 你如何看待这个世界：你和其他人的关系。
- ⊙ 你想要什么：为自己、为他人、为今天、为未来。
- ⊙ 如何到达你想到达的地方！

思维导图对信息收集和信息排序而言同样重要，请从下列这些来源中识别关键词和事实：

- ⊙ 书籍、报纸、网络来源
- ⊙ 讲座、课程讲义、科研资料

⊙ 商务会议、会议纪要、交谈、目录
⊙ 你的头脑！

　　思维导图在学校或其他培训和教学中尤其有用。更多关于思维导图在这些领域中实践应用的信息可以参阅《思维导图®》(*The Mind Map® Book*)和第86页列出的其他书籍。

　　本书的许多实例都侧重于实践决策和如何将思维导图作为生活的工具。时刻准备着问自己一些重大问题，如："你希望历史能如何叙说你或你的成就？"从大处思考将使你集中于长期记忆，并使你的行动和选择更迅捷。

　　在第四章和第五章，我们将开始创建和使用思维导图。首先，了解一些有关大脑运作的方式、我们如何思考以及它如何自然地引向思维导图的概念非常重要。

第二章　思维事项

你的大脑如何工作

神奇的大脑在500万年前就已经开始进化了。然而我们知道它位于你的头部，而不是你的心脏，这仅仅才过去了500年。更令人惊奇的是，在最近10年间，我们才了解了95%的大脑以及它如何工作的事实。我们有那么多的知识需要学习！

你的大脑是一个非凡、超能的处理器，它有无穷的想法，并能进行发散性思考。它有5个主要功能：

- 接收——大脑通过你的感官接收信息。
- 存储——它保留和存储信息，并能够在需要时提取这些信息。（虽然你不常常感觉如此！）
- 分析——你的大脑能识别模式，乐意按行得通的方式组织信息、核查信息和发问意义。
- 控制——大脑在不同的方面控制你管理信息的方式，这取决于你的健康状态、个人态度和环境。
- 输出——大脑通过我们的想法、交谈、绘画、运动和其他所有形式的活动输出接收到的信息。

为了在需要时帮助你的大脑高效地提取信息，思维导图可以充分利用这些大脑技能。

线性 vs. 整个大脑的思考

近百年来，因为以句子的形式说和写，我们已经确认想法和信息应该被存储成线性或列表清单的形式。我们将看到，这是自我局限。

在谈话中，我们每次只会说一个字。同样，在印刷中，不论是在开头、中间还是结尾，词语都常常以句子和直线的形式呈现。这种对线性模式的强调持续被应用在中小学、大学和工作中，在那里的多数人被鼓励以句子和带有项目符号的点句形式记笔记。

这种方法的局限是，它需要花费一段时间才能直达事件的核心。在这个过程中，你将说、听或读许多内容，这些内容对长期回忆而言并不是必要的。

近期研究表明大脑具有多维能力，它能以比交谈和书写文字更感性、更有创造性、更多维、更迅速的方式吸收、解读和回忆信息。你的大脑能完美地吸收非线性的信息，并且它会一直这样做：在每天观看照片、图片或解释你周围的图像时。

听到一系列口头讲的句子时，你的大脑并不逐词、逐行地吸收信息。它以整体吸收信息、分门别类、理解，并以多种方式反馈给你。你每听到一个字就把它放置在已有知识的语境和周围的其他词语中。在形成反馈前，你并不需要听到完整的句子。

例如：

- 你打电话给一个语音电话，以获取坐 18：50 的列车从滑铁卢回埃克塞特的信息。在自动语音提示埃克塞特之前，你已经被告知列车在克拉罕站台（也就是滑铁卢车站外的第一站）有延迟。
- 一刹那，你的大脑就开始联想：返家伴随的感觉，或者在舒服的床上睡觉；人们交谈和站台公告的声音；一顿美味晚餐的香味与口感。所有这些都会使你权衡是否自驾、乘坐长途汽车，或者待在伦敦过夜，而不是乘坐 18：50 的列车。

- 引起这个反馈的原因：在你听到和自己原始问题相关，并含有特定信息的词语时，以及在这个语音电话说完一个完整的句子之前，词语"延误"充当了触发多维反馈的关键词。
- 回家仍然是你的主要目的——但是，"延误"在当前已经成为了核心概念。

关键词和它们的上下文是至关重要的记忆触发器。这也是大脑中帮助理解和解释这个世界最重要的网络。

如何花费时间记笔记

我们已经习惯说和写了，以致我们逐渐相信常规的句子就是存储和回忆语言图像与想法的最好方式。事实上，学生记录的90%以上的笔记是不必要的，因为你的大脑更青睐代表重点事项的关键词。这意味着：

- 时间都花费在记录与记忆力无关的词语上。
- 时间都花费在重读那些无关的词语上。
- 时间都花费在搜寻任何方面都不突出、因而与整体混淆在一起的关键词上。
- 当关键词之间的关联被无关的关联词减弱时，时间就这样悄然流逝了。
- 距离减弱了关键词之间的关联。距离越远，关联越弱。

思维导图正在被世界范围内的学校、商业机构、政府组织和个人使用。笔记系统创建了完整、一览无余的想法，以及以文字和图像简单融合的形式所呈现的概念或计划。

你的大脑和思维导图

思维导图是从中心概念开始，并向四周辐射以领会细节。它不是从头开始，并一步步继续直至抵达终点。思维导图与通常的笔记记录相比有许多优势：

- ⊙ 中心思想可以更清晰地定义。
- ⊙ 每个想法的相关重要性可以清晰地识别。
- ⊙ 在思维导图的中心，更重要的想法可以立即认知。
- ⊙ 关键概念之间的连接可以立即被识别，从而鼓励想法与概念的关联。
- ⊙ 温习知识可以更高效迅捷。
- ⊙ 思维导图的架构容易增加另外的概念。
- ⊙ 每一张思维导图都是独特的创作——反过来可以辅助更精准的回忆。

在第四章和第五章，我将讲述如何创建思维导图、如何使用它们以及使用的目的。首先我想给你们介绍一下"发散性思维"的概念。

发散性思维®描述了大脑创建想法和观点的方式。思维导图同样以一种发散的方式反映了大脑组织的活动，因此它能更高效地触发创造性想法和记忆。

第三章　发散性思维[R]

为了理解思维导图为何如此高效，了解更多大脑思考和记忆信息的方式是非常有用的。你的大脑不是以单调的线性方式思考，而是同时以多维方式思考——以图像或关键词的中心触发点开始。我将此称为发散性思维。

正如这个词本身所暗示的，想法像树枝、叶脉或者源于心脏的血管一样向外发散。

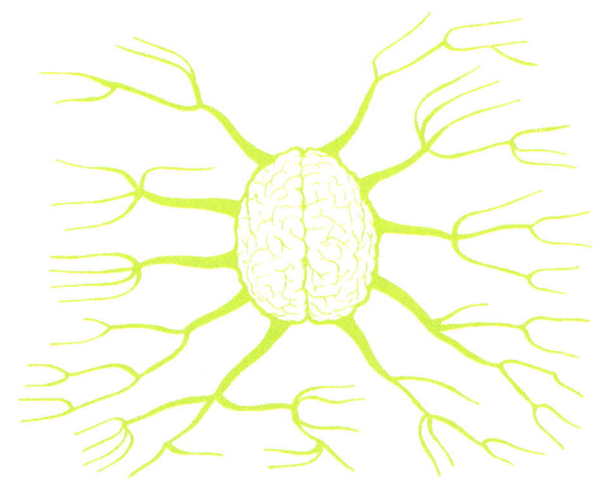

你的大脑已经有能力创建无数的想法、愿景和概念了。思维导图和你的大脑以同样的方式工作，它是运行中的发散性思维的理论反射。你记录信息的方式越贴合大脑自然的工作方式，你的大脑就越能高效地触发对必要事实和个人记忆的回想。

发散性思维®练习

为了向你表明我的意思，尝试下面的练习，它们将会展示发散性思维的非凡能量。我将让你联想一幅图像，你没有时间事先思考，但是我保证你会得到正确的答案。

我希望你思考的词是：

香蕉

你并没有听到我说这个词，但是尽管如此：

- 你看到一幅图像了吗？
- 图像有颜色吗？
- 你如何迅速地得到这幅图像？
- 这幅图像是什么？
- 这幅图像周围的联系是什么？
- 它出现之前在哪里？

世界上大多数人对香蕉的形状都比较熟悉。当你"听到"这个词时，你可能已经看到了对应的颜色：黄色、棕色或绿色——这取决于水果的成熟度；你可能已经看到了它的弯曲形状；你可能会将这幅图像与一顿美味的甜点、一个充满异国情调的假期或一杯果汁饮料相关联。这幅图像如凭空冒出一样瞬间出现，你不可能花费时间使组成这个词的每个字都形成图像。这幅图像已经存储在了你的大脑中，你只需要触发它的释放。

这个快速的测试表明：每个人，不论他们的性别、地位或国籍，都会使用发散性思维在一瞬间将关键词和关键图像联想在一起。这是我们所有思想的基础，也是思维导图的基础。

思维导图可以增强并加快发散性思维的进程。

关键词和关键图像如何工作

关键词或短语能代表一幅特别的图像或一系列图像。

传输至你的大脑时,关键图像可以使你回忆起的不单单是单个的词语或短语,而且还有丰富的多维相关信息。

例如:

- 当你尝试找到一幅图像,以概述儿时去游乐场的印象时,你可能会选择"棉花糖"这个词。
- "棉花糖"这个词将作为关键词触发分析性的左半脑记忆。
- 绘制一张棉花糖的图片将创建一幅关键图像,这诉诸视觉性的右半脑记忆。
- 这幅图片将变成一个视觉触发器,不仅能代表书面文字,还可以代表游乐场的景观、气息、声音和味道。

单个的词语并不足以触发整个关于游乐场的经历,因为它不诉诸你的整个大脑。作为句子一部分的词语也不能触发整个经历,因为句子有明确的释义和限制。另一方面,将关键词转化成关键图像的目的是将左右大脑的功能关联起来。这个动作可以辐射关联,并触发对完整关联信息的回忆。

大脑的语言

大脑的主要语言既不是口头用语也不是书面文字。你的大脑是通过感官创建的图像、色彩、关键词和想法之间的关联来工作的。

在人类知晓大脑是什么或它位于哪里之前的很长一段时间里，古希腊人发现：为了能在需要时回忆信息，并精准地触发回忆，他们需要使用以下的组合：

想象和联想

想象和联想是与整个大脑活动相关联的。当你使用以下这些元素时，主要刺激你想象的是：

- 你的感觉
- 夸张
- 韵律和运动
- 色彩
- 笑声
- 图片和图像

当你使用以下这些元素时，主要刺激你联想的是：

- 数字
- 词语
- 符号
- 顺序
- 样式
- 图像

我们所有人都会被那些令我们感觉良好的人或者使我们感到愉悦的事所吸引。为了使你的思维导图变成你喜欢观赏或者你想以之为参考的提醒，它需要：

- 能积极代表事件或规划的事物；
- 可吸引观赏。

包括这些重要因素的思维导图将鼓励你的大脑关联、连接和联系你的想法、忧虑、梦想和理想，在某些方面，这些远比记笔记等任何其他形式更有创造性。思维导图在你的大脑中触发联想，这将使你比其他任何形式的头脑风暴更快、更有创造性地拿出好主意、得出结论和制订计划。

发散性思维和关键词练习

下面的迷你思维导图将代表"高兴"的概念。这个词周围有10个关键词的联想空间。

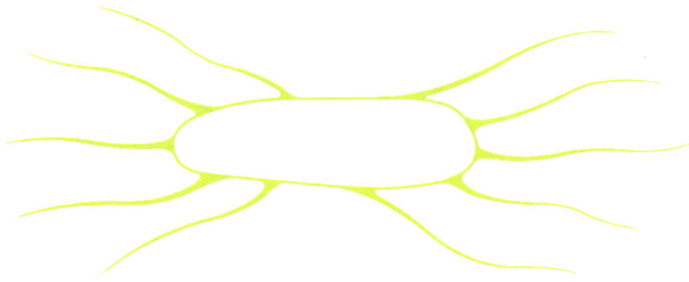

尝试单独或和两三个人一起完成此项练习。（不讨论你的联想很重要，因为如果这样做，你会影响其他人。）

- 首先,绘制一幅对你而言可代表"高兴"的中心图像。
- 然后,在边缘的每个分支上写下前10个当你想到已经绘制好的能代表"高兴"的图片时联想到的关键词,从中央向四周辐射。
- 记下浮现在脑海中的第一个词非常重要,无论你认为它们多荒谬。不要自我审查或给自己思考的间隙。
- 如果你发现思考10个以上的词很容易,那就为它们绘制另外的分支。

当你完成时,将你的结果与其他人的结果相对比,看有哪些词重叠。

这个练习的关键在于:一旦你的大脑开始自由畅行在词语联想上,它就不会慢下来。就像网络上的访问链接,你将发现自己能思考更多的关联。

另一个要点是:将自己的结果与其他人的结果对比,你将为所选关联词之间有如此小的重叠而感到惊奇。我们是如此独一无二的个体,我们真正是以一种发散方式在思考!

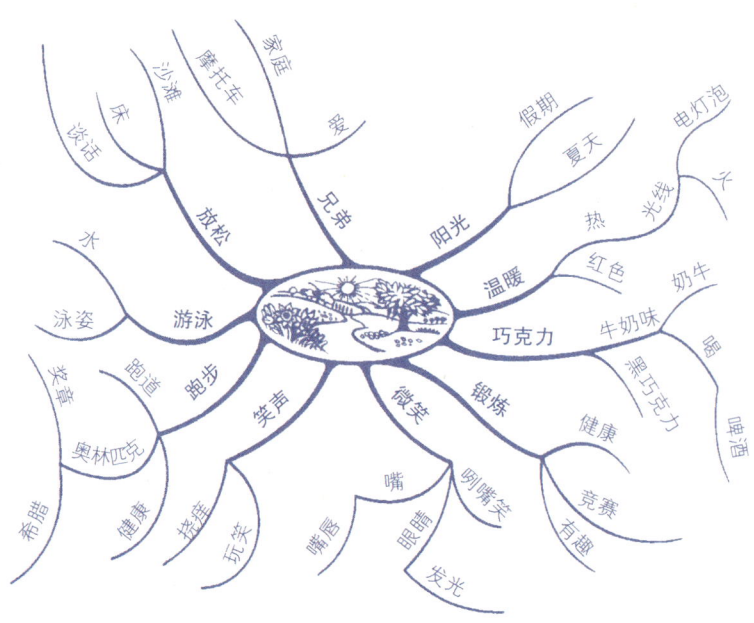

第四章 思维导图®规则

本章讲述如何准备思维导图：目标设定的重要性；哪些需要事先规划；如何给你的想法排序；关键词和图像的重要性。这些能使你更好地为第5章作准备，其中包括如何为生活中的主要场景和目标创建思维导图的指南。

设定你的目标

思维导图代表了理论上的个人思想旅程。像其他成功的旅程一样，为了能成功，它需要一些计划。开始思维导图之前的第一步是决定你将去向何方。

- 你的目标或愿景是什么？
- 实现你目标的子目标和分类是什么？
- 你制定项目计划了吗？
- 你集思广益了吗？
- 你需要统观目前的情况吗？
- 你为未来制定战略规划了吗？

作这个决定很重要，因为成功的思维导图的关键是有一幅能代表目标的核心图像，第一步是在思维导图的中央绘制一张图片，以代表成功的目标。

图片的力量

"一图胜千言"的格言是真的。在一次实验中,科学家以每秒钟一幅的频率向600人展示图像。展示完毕并开始测试精准回忆时,全组中有98%的人员可以进行精准的回忆。

人类大脑会发现记忆图像比记忆词语容易得多,这是因为在思维导图中,核心的关键想法被图像取代了。在思维导图的其他地方使用图像也同样重要。

> **练习**
>
> 为了练习你的图像—联想技能,回头看一下你为词语"高兴"创建的迷你思维导图。看一下你是否可以只使用图像来重建整个思维导图。

正如第23页所阐述的,我们喜欢亲近令我们感觉良好的人和物,他们积极并有吸引力。为了确保你的思维导图变成你所想要发展的真正有用的工具,思维导图上的核心图像必须多姿多彩,并诉诸你的感官。它并不需要绘制得很漂亮或者很有美感,但是当你观赏它时,它能使你感到积极和精力集中。

思维导图不仅可以使用图像,以整体看来,它就是一幅图像
——代表你的愿景或目标的图像。

当你创建了如此积极的愿景时,它将拥有自身的生命和能量,并帮助你专心致志。当你精神专注时,你将变成一束人型高能量激光束:精密、目标明确、有惊人的爆发力。

收集你的想法并排序

给予你的发散性思维创造力完全的自由后,紧接着,通过引进更多的架构来编辑和组织你的想法就非常重要。

增加架构的第一步就是确定你的基本分类概念(Basic Ordering Ideas,简写为 BOI)。基本分类概念是根本的关键主题,其他所有的概念都围绕于此。它们是悬挂所有相关想法的"挂钩"(正如这一部分的标题象征了章节内的主题思想)。

例如:"食物"这个基本概念有很多子类别,比如水果、蔬菜和肉类。根据不同的目的,在考虑水果的类别和用途之前,你可能会选择将子类别"水果"分为两大类,比如柑橘类和非柑橘类。此外,你可能会探索"美味食物"的概念,在此类中,类别就不重要了,你可能会跳过"水果",直奔香蕉、草莓、木瓜等。

为了绘制人生规划的思维导图,有用的个人基本分类概念可以包括:

个人履历:过去、现在、将来

强项　弱项　喜欢　不喜欢

长期目标　家庭　朋友

成就　爱好　情感

工作　家庭　责任

其他有帮助的基本分类概念可能与你的生命轨迹相关:

学习　知识　商业

健康　旅行　休闲

文化　抱负　问题

基本分类概念是想法的章节标题：最简单和最明显的能代表各类信息的词语或图像。这些词语能自动吸引你的大脑来思考最大数量的关联。

如果你不确定自己的基本分类概念是什么，那就你的主要目标或愿景思考以下简单的问题：

- 为了达成我的目标，哪些知识是必需的？
- 如果这是一本书，那么它的章节标题应该是什么？
- 我的具体目标是什么？
- 在这个主题范围内，七个最重要的类别是什么？
- 我对这些基本问题的回答是什么：为什么？什么？哪里？谁？如何？哪一个？什么时候？
- 有没有一个更大、更广泛，并能融入所有这些的类别呢？

考虑全面的基本分类概念的优点是：

- 主要的概念要置于合适的位置，这样次要的概念才能更自然地紧随其后。
- 基本分类概念有助于形成、整理、构建思维导图，从而促进大脑以自然有序的方式思考。

在使用思维导图前，当你决定了第一批基本分类概念时，其余的思想将以一种更连贯和更有用的方式涌现。

入门指南

为了创建有效的思维导图，你需要一些纸张、彩色水笔、至少10—20分钟不受干扰的时间——以及你的大脑！

- 确保你有一本有空白页的练习本，或者一些高质量、大尺寸的无线条空白纸张。
- 你需要一些彩色的细尖、中等、高亮高厚的水笔，这些笔要书写流畅。使用这些笔，你将书写得快而舒服。

为什么？

- 你需要大量的纸张，因为这不仅仅是一个实践练习，它还是一次个人旅行。随着时间的流逝，你需要回头查阅一下你的思维导图，以评估你的进度和核查你的目标。
- 你需要大尺寸的纸张，因为你将需要在空白的地方探讨你的想法；小尺寸的纸张将限制你的正常发挥。
- 为了解放你的大脑，使其以一种非线性、无拘束和富有创造性的方式思考，这些纸张应该是空白且无线框的。
- 一个练习本或活页纸张是最好的。因为你的第一个思维导图是工作日志的开始。你并不想在潜意识里被"整洁"的需求束缚，你想使所有的想法聚集在一起，以便查看你的计划和需求是如何随着时间的流逝演变的。
- 你需要书写流畅的水笔，因为你希望能阅读自己创建的内容，同时你可能想书写得更快。
- 色彩是非常重要的，因为色彩刺激你的大脑，并激活创造力和视觉记忆。
- 色彩能允许你为思维导图引入架构、权重和强调。

思维导图：指导原则

思维导图法则分为：

- 技能
- 布局

技能的规则：

- 突出重点
- 使用联想
- 清晰
- 形成个人风格

布局的规则：

- 使用层次结构
- 使用数字顺序

思维导图法则总结

技 能

1 突出重点

常常使用：

- 一幅核心图像——以提供一个焦点。
- 图像——以协调你大脑的两个半球。
- 每幅核心图像上有三种或更多种颜色——以刺激记忆力和创造力。
- 图像和周围文字的尺寸——使事物更突出。
- 多种身体感觉：视觉、听觉、味觉、触觉、嗅觉、空间感知——使思维导图更真实并利于记忆。
- 不同大小的字母、线条和图像——以识别重要等级。
- 组织空间——使这些线性规则有序、有吸引力,并允许增加空间。
- 合适的空间——在每个文字或图像周围。

2 联想

常常使用:
- 箭头——当你想关联时,它可以指引眼睛。
- 色彩——以提高你的记忆力、加强创造力、增强回忆。
- 代码——比如记号、十字形、三角形、简洁的下划线,这些都可以创建交叉在思维导图中的联想。

3 清晰
- 每条线上只写一个关键词。
- 所有的字都使用印刷体书写。
- 所有线上的关键词都使用印刷体书写。
- 使线的长度与字的长度保持相同。
- 使主要分支与核心图像关联。
- 使线线之间关联。
- 增加核心线条的宽度。
- 使图像清晰。
- 使页面平放。
- 使印刷字体竖直。

4 形成个人风格

你将更容易关联和回忆自己创建的事项。

> **布　局**
>
> **1　使用层次结构**
>
> 识别重要性的等级能帮助你的大脑记忆关键事实。
>
> **2　使用数字顺序**
>
> 给你的想法排序可以帮助你决定行动的优先级别。

技　能

1　突出重点

突出重点是提高记忆力和创造力最重要的因素之一。

经常使用核心图像

- 一幅图像自然能吸引你的眼球和大脑。它触发无数的联想，是一个高效的记忆辅助设备。
- 另外，有吸引力的图像能使你感到愉悦，并能吸引关注。
- 如果一个词语，而不是一幅图片，被用来作为核心图像，那么它可以通过形状、色彩或有吸引力的字体来增加三维感。

在思维导图中使用图像

- 在思维导图中使用图像能增加关注度，并使你的思维导图更有吸引力。它同样也能帮助你对周边的世界"敞开心扉"，此过程也能刺激左半脑和右半脑。
- 在每幅核心图像上使用三种或更多的颜色。色彩刺激记忆力和创造力：它们唤醒了大脑。这与在大脑看来是单调乏味的单色图像

（一种颜色）形成对比：它们使大脑昏昏欲睡！

- 在图像上和文字周围使用维度。这能使事物突出，更突出的事物就更易被记忆。使用维度对突出关键词而言尤其有效。

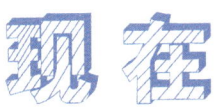

利用你的感觉

- 你的大脑通过你的感官接收信息：视觉、听觉、触觉、味觉和空间意识。许多世界伟人都会有意识地使用和开发他们所有的感官，以期能对他们周围的世界有更多的了解。你的思维导图唤起的感官记忆越多，它就会越有能量。

利用多样的印刷体、线条和图像

- 思维导图类型尺寸上的多样化能引入层次的观念，它会提供一个清晰的、相对重要的、针对列表条目的信息。

使用组织空间

- 在纸上组织思维导图分支的外观能帮助人们交流概念的层级结构和分类，给想法分类，同样也能使阅读更容易，并使阅读的形式更有吸引力。

使用适当的空间

- 在思维导图上，为每个条目的周围设置足够的空间是很重要的。这样，每一个条目看起来就很清晰，同时空间本身也是信息交流的一个重要部分。

2 联想

联想是提高记忆力和创造力非常必需的第二大主要因素。大脑通过给事件和事物添加关联信息来创建二者之间的联想。联想是大脑理解生活体验的手段。

下面的技能是在思维导图上创建不同主题、想法和事件之间联想的方法。

当你想在分支内和分支间创建关联时，请使用箭头

- 箭头对你眼睛的指引在一定程度上能将事物联系起来。箭头同样能暗示运动。运动是对高效记忆和回忆来说有价值的辅助设备。
- 箭头可以一次指向一个方向，或者几个方向；它们可以是各种形状和尺寸的。

使用色彩

- 色彩是加强记忆力和创造力的最有力工具之一。
- 在为目标制作代码时，选择特定的色彩将使你更快地获取思维导图中包含的信息，并使你更容易记忆它。
- 在有成组的思维导图出现时，色彩—代码尤其有用。

使用代码

- 代码能节约很多时间。它们能使你在思维导图的不同部分之间快速地关联，但是它们在纸上却相差甚远。

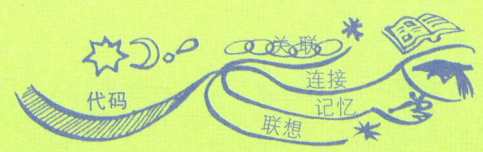

- 代码可以采用对钩、十字形、圆形、三角形、下划线的形式，或者它们可以更多样。

3 清晰

你记录得越清晰，你和其他人就越能更好地对其进行理解。潦草的笔记会使记忆和认知隐晦难解，并限制大脑联想的能力。

每条线上仅放置一个关键词
- 单个词语就能唤起成千上万的可能内涵和联想。
- 在每条线上放置一个词语，你将有最大的机会关联每个词语。另外，每个词语都和下行紧挨它的词语或图像关联。

通过这种方式，你的大脑就可以接收更多的新想法。

所有的字都使用印刷体
- 印刷体可以在形状上更清晰，因此对你的大脑来说，更容易"拍照"和保留。
- 印刷体的创建带来了联想和回忆速度的提高，它更多地弥补了写印刷字体花费的额外时间。
- 印刷体同样鼓励简洁，可用于强调词语的相对重要性。

所有线上的关键词都使用印刷体

- 思维导图上的线条非常重要,因为它们将单个的关键词连接起来。
- 你的关键词需要与线条连接起来,以帮助你的大脑与剩下的思维导图关联起来。

使线的长度与字的长度保持相同

- 如果文字和线条的长度相当,看起来就更高效,并更容易与其两边的文字关联。
- 节约的空间能允许你在思维导图上增加更多的信息。

线线关联、核心图像和其他分支关联

- 将思维导图上的线线关联能使大脑中的想法关联。
- 线条可以转换成箭头、弧形、环形、圆形、椭圆形、三角形或其他任何你选择的形状。

使中心线更粗,并使它们更弯曲

- 粗线条能给你的大脑发送最重要的信息,因此请加粗所有的中心线。如果刚开始时,你不能确定哪些想法是最重要的,那当你确定时就加粗这些线条吧!

在思维导图分支的周围创建形状和界线

- 形状能鼓励想象。
- 在你的思维导图里创建形状——例如在思维导图的分支周围创建形状——将帮助你更容易记忆许多主题和想法。

使你的图像尽可能清晰
- 页面上的清晰度能鼓励想法的清晰化。一幅清晰的思维导图同样能更简洁、更优美、更有趣地使用。

在你面前保持书页的水平放置
- 这个页面的"地形图"模式能给你绘制和创建思维导图最充分的自由。
- 一旦你完成了,阅读起来也会比较容易。

使印刷体尽可能竖直
- 竖直的印刷体能使你的大脑更容易获取书面信息,这既适用于阅读的视角,同样也适用于文字的安排。

4 形成个人风格

我们每一个人都是令人惊讶和独特的,我们的思维导图是展示你的独特性和公开你个人思想的机会。

每次你创建思维导图时,请使新的思维导图比上一个更多彩、更三维、更有想象力和更漂亮。这不但能使你更容易识别思维导图,也能给你的持续发展和完善你所有的脑力认知增加好处。

你的思维导图越个性化,你越容易记住它们。

布 局

布局和架构思维导图的方式能对你如何使用以及它实际的适用性产生巨大的影响。

1 使用层次结构

- 正如先前讨论的（详见第25页），层次和分类的应用——以基本分类概念的方式——能极大地提高你的记忆力。

2 使用数字顺序

- 如果思维导图是行动的基石，比如项目、演讲或假期，那么你需要给你的想法排序——不管是时间顺序还是重要程度的次序。
- 为了做这个，以行动的预期顺序或优先级为分支简单编号。
- 其他等级的细节，比如时间或日期，如果你喜欢也可以增加。也可以利用字母表的字母来代替数字。

绘制思维导图时，需要避免什么

下章将讲述如何创建、使用和在我们生活的不同领域中应用思维导图。然而，在开始继续讲解前，当思维导图未按原计划出现时，看一下到底发生了什么是非常有用的。

有四个绘制思维导图时会面临的困境：

- 创建了并不是真正思维导图的思维导图。
- 使用短语代替单个的词语。
- 创建了"扰乱"思维导图的不必要的忧虑。
- 对思维导图有消极的情绪。

当思维导图不是思维导图时

看下面的簇形结构。它们每一个都代表了早期的思维导图，由还没有完全掌握基础的人们绘制。

第一眼看到它们好像可以接受，但事实上，它们忽略了"发散性思维"的关键性原则——每一个观点都是脱离其他观点而独立的。分支之间没有动态的关联，也没有任何东西能鼓动大脑触发新想法。它们切断了想法。

将此与紧密遵循所有重要原则的思维导图结构作一下对比：

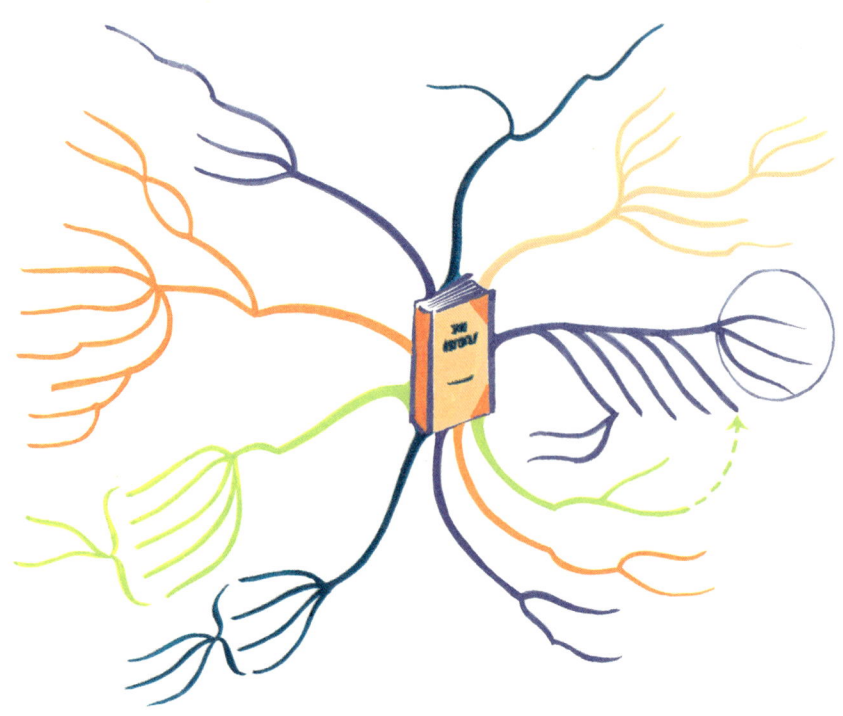

请记住,真正的思维导图以发散的方式打开思路(详见第24页)。

为什么词语比短语更好

请看下面三幅图像,它们能完美地说明为什么短语不能很好地在思维导图或优秀的思考过程中起作用。

⊙ 第一个版本在同一线条上一并展示三个词语,这是无效果的,因为没有办法摆脱短语的"不高兴"性质。

- 第二个版本有所改善，因为它将短语以组成部分的形式展示，从而能使自由联想发生在每个词间。但是，仅用词语的方法意味着它主要诉诸大脑的左半球，限制了大脑对词语的创造性反馈。因此，这些词语是否是核心概念也不完全清晰。

- 第三个版本遵循了所有的思维导图准则。它不再是一张完全消极的图片。导致不高兴的原因看起来好像与下午自身无关，"高兴"的基本概念被引入了整体的思考。它是一幅使变化和选择成为可能的动态图像。

当一幅凌乱的思维导图是一幅好的思维导图时

记笔记时，我们并不常常能创建一幅整齐的思维导图，因为可能受周围环境的影响。如果你在讲座或者会议中，或者想法不能以有序的方式展现的情形下，快速地识别核心概念常常是不可能的。你的思维导图将反馈即时的情境，它是当时思想状态的精准反馈。

即使思维导图是"凌乱"的，它仍有可能比你把一切事情都记录下来包含更多有价值的信息。在讲座或会议后，请立即花一些时间将你的思维导图转化成更有建设性的形式。使用：

- 箭头
- 符号
- 高亮
- 图像

除此以外，还可以使用其他设备来识别基本的分类理念，并在你的笔记中逐步使用层次、联想和色彩。如果必要的话，遵循基本规则重新绘制你的思维导图，使得这些信息在将来能更容易地被你的记忆回想。

你的个人风格

除了带有实际的目的，思维导图能帮助你培养具有艺术气息和创造性的个性魅力。多年来，我的许多学生和合作者已经将思维导图的产物转化成了艺术形式！（如果你看一下《思维导图®》中带有颜色的插图，你将看到许多这样的例子。）

思维导图利用你所有的大脑能力，以各自拥有的强大技能来诠释词语、图像、数字、逻辑、韵律、色彩和空间意识。它可以带你自由地漫游在思维中。

创建属于自己的艺术思维导图有助于：

- 培养你的艺术技能和视觉感知，它们反过来可以加强你的记忆、创新思维和自信。
- 缓解压力，促进放松，以一种有趣的方式作自我探索。

下章将更详细地审视创造的过程，并回答你对如何构建思维导图存有的一切问题。

第五章　创建一幅思维导图®

先前的章节讲述了创建思维导图的工具、规则和常见错误。本章将逐步关注如何构建思维导图，如何应用思维导图，如何将思维导图作为生活规划、决策和行动的工具。

创建思维导图

你已经收集了所有的资料，并阅读了所有的指导准则，现在你对为什么思维导图不仅仅是页面上想法的收集有了一定的认识。因此是时候开始：

1 **聚焦**于你的核心目标、期望或愿景。对你的目标是什么或如何实现它有一个清晰的认知。（如果在决定你的主要使命上需要一些额外的帮助，请翻至第25页，查阅指导准则。）

2 把一张纸**横向**放在你的面前（地形图式的），以便从纸张中央开始创建你的思维导图。这允许你有表达的自由，不受纸张狭小尺寸的束缚。

3 在空白的纸张中间绘制一幅代表你目标的图像。如果你感到自己画得不好，也不要担心，这没关系。

使用图像作为思维导图的起点非常重要，因为图像是跳跃的——通过激活你的想象开启思考吧。你在思维导图中使用的图像越多，就越

能加强对你大脑/记忆的视觉影响。

4 从一开始就使用色彩，这为的是强调、架构、制造纹理、创造，给你的想法增加有趣的元素。这将刺激你的视觉感知，强化脑海中的图像。

总体使用至少三种颜色，从而创建自己的色彩—代码系统。色彩可以分等级或按主题使用，也可以用来强调某些要点。

5 现在画一些从图像中央向外发散的粗线条。这些线条是你思维导图的主要分支，就像一棵树的粗大枝条一样能支撑你的想法。

将主要分支与核心图像紧密相连是非常重要的。因为大脑，还有记忆力是通过联想运作的。

6 使用弯曲而不是笔直的线条。因为弯曲的线条能使你的眼睛更感兴趣，使你的大脑更易记忆。

7 在每个分支上写下一个与主题相关的关键词。这些就是你和主题相关的主要想法（以及你的基本分类概念），例如：

情形　感觉　事实　选择

记住：在每一条线上只使用一个关键词，这样可以使你明确所探究问题的本质，同时也使联想更突出地存储在你的大脑中。短语和句子会限制这种效用，并使你的记忆混乱。

8 给你的思维导图增加一些空白的分支。你的大脑就能在其上放置一些东西了！

9 下面，为有相关性的次要想法创建二级和三级分支。二级分支与主要分支相关联，三级分支与二级分支相关联，以此类推。在这个过程中，联想就是一切。

此刻，为每个分支选择的词语可以与涉及你的任何事情关联。你可能会将一些疑问式的主题包括进来：谁、什么、哪里、为什么、怎样，此外还有你对行动和变化的个人选择。

在下面的第47—54页中,思维导图的过程被分解为快速和容易完成的阶段。在将结果创建成完整的思维导图前,这能帮助你逐步实践这些技能。

从想法到行动

完整的思维导图既是一幅想法的图片,又是准备行动计划的第一步。优化和衡量你的主题,然后结论就可以通过给思维导图的每个分支编号而轻松得到。

最重要的编为1,次级重要的是2,然后是3、4,如此类推。使用第32—33页描述的箭头或色彩—代码可以将这些点联系起来。

用思维导图作决策

规划人生或作选择时，思维导图是很理想的。因为它们能帮助你对所处的境况采取一种平衡的观点。下章将带你逐步了解这个决策过程。

辨认事实和感觉

- 你是否倾向于依赖情绪和直觉来作决策或建立观点——有时以牺牲常识和理性为代价？
- 你是否倾向于依赖逻辑推理作决策——有时以牺牲你真实的需要和欲求为代价？
- 如果你已经建立了一种观点，你是否发现很难对一种境况采取平衡的观点？

大部分人至少会对上述中的一个问题回答"是"。鼓励你的大脑在方法上更有创造性和全面均衡的有效方式是创建三个迷你思维导图，这会帮助你看到更大的图景。这些可以绘制得很快——但是必须尽可能真实。

用这种方式草拟你的思维导图能帮助你对个人的观点形成更清晰的认识。

无论你是在中小学或大学学习一个课题，还是使用思维导图记笔记和收集数据，抑或是在工作场所制定策略、组织社会活动和其他应用，这个过程都是有效的。

一旦你分开地评判了事实和感觉，你就能在一幅单独的思维导图中将它们结合起来，这将帮助你看到"全局"。

请思考发生了什么：
- 你如何看待这件事？

在每一条线上放置单个关键词,以代表在你的主题或境况下的不同元素。

○ **你觉得这件事怎么样?**

在每一条线上放置单个关键词,以代表你对该主题或境况的感觉。

○ **什么是事情的真相?**

在每一条线上放置单个关键词以代表与主题或境况紧密相关的事实。询问自己，比如：

为什么是这样？
什么是积极成果？
谁参与其中？
它将对哪里产生影响？
我如何实现目标？

如果你对事实的精准度不确定，那就给这个词增加一个"？"。

这三个迷你思维导图将是对你此刻在如何思考和你所处情形的真实反馈，是能同时看到"森林和树木"的有效方式——尤其当你处于比较极端、荒谬或不确定的状态时。

⊙ 此刻，什么引导你作决策：事实或你的感觉？

确定你的选择

如果你对自己的决策和关于主题或情形的观点不确定，那么下一步你应该确定自己在这个问题上的选择。

此外，为主要目标绘制一幅图片来作为你的核心图像。至少增加两个分支以代表你可能的行动方案。这可以称为"行动"和"无行动"（或者对此的任何分类）。

不要给自己太长的时间思考（这样你就能确保自己利用了具有超意识的大脑），草拟你的想法。你的结果将帮助提醒你，一些形式的变化是不可避免的，它同样会决定你期待类型的结果。

此处什么在引导你作决策呢？强烈的观点？变化的欲望？逃离目前境况的期待？认为没有什么是必需的行动的愿景？

这是一个相当快速和强大的过程，并能展现一些有趣和出乎意料的想法，同样也能提供给你一种新视角。

一旦微小的灵感帮助你看清了关键问题，你就能在更大的主题型思维导图上融合你的结论，这将能帮助你的大脑更有创造性地思考未来。

你将能在联合的思维导图的分支中作联想和看到关联，这将促使你更快速地采取理想的行动。

审时度势

你越能详细地查看所处境况，你将越能准备充足地、更灵活地处理它。

在每个被称为"坏"的境况下，总有一些"好"的。可能也有一些既不"好"也不"坏"的、代表着新机遇的未知领域能启发你深思。我将此领域标为"有趣"的。这些有趣的元素是那些你能建立在未来之上的观察资料、问题、奇事或想象。这些可以帮助你决定发展的方向。

首先，请想象：

- 如果我做了某事……什么是可能发生的最坏情形?什么时候?什么地方?

(在这幅迷你思维导图上填写对这些问题的回答)

然后自问:

- 如果我做某事……在此情形下,好的事情是什么?

(在这幅迷你思维导图上填写对这些问题的回答)

挑战就是达到某一阶段：在那里，你常常能设法找到机遇的核心或代表未来好情形的一些方面。一旦你找到了积极的焦点，你将能基于此创建自己的新目标。

为什么休息一下是重要的

如果你们之中有一些已经阅读过我写著的关于记忆力的书籍了，那正如你们所了解的，记忆力在20—50分钟之间的工作效率最高，同时在会议、课堂或其他邂逅的开始或结束时能记忆更多的信息。研究表明，短暂的休息后，理解和回忆的水平都有基本的提高。这是因为大脑需要时间吸收、理解信息（对此现象的更多细节解释以及其发生的原因，请见《开动大脑》(*Use Your Head*，第62—69页)。反之，如果我们没有进行短暂休息，连续长时间地工作的话，我们回忆信息的能力将显著下降。

要牢记这点！如果你专注于某些事，不清楚如何处理它们，休息一下吧！听音乐、散步、和朋友聊天。做一些能刺激你的感觉、允许你的大脑吸收工作成果的事情。

回过头来，考虑一下什么对你目前所做的事情而言是有效的。审视这些信息，如同你在衡量其他人的处境。你看到了什么？什么打动了你？你的目标变得更清晰了吗？

下一步

下一步是将这些元素整合到一幅完整的思维导图中，并在中央放置你的个人目标。这是能帮助你作选择、确定观点和决定实现目标所需采取步骤的广阔蓝图。

第五章 创建一幅思维导图® 53

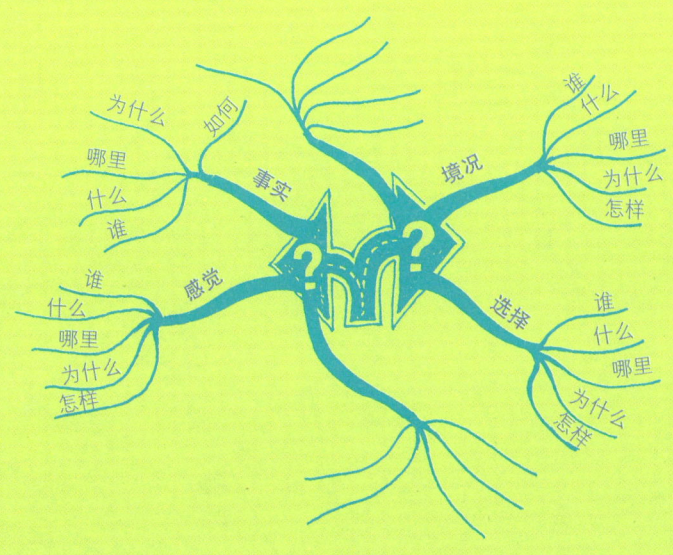

　　下面的例图是由一家公司的女性高级主管绘制的,她觉得是时候审视一下自己的信仰体系、自我和未来的方向了。
　　你越经常练习这些技能,你就越能更容易地使用思维导图作为一种实用、日常的工作工具。这使你以积极的态度生活,并帮助你作决策。

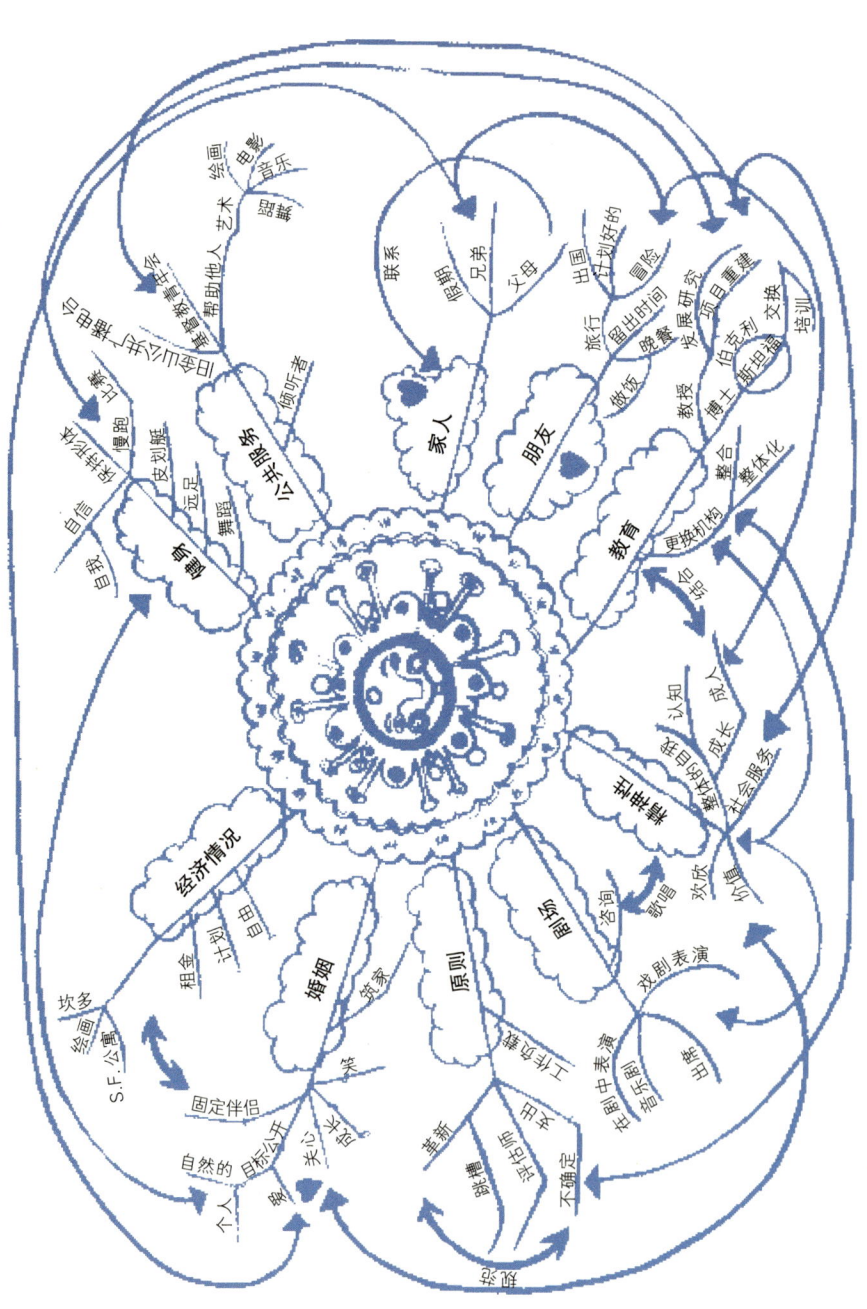

第六章 适用于任何场合的思维导图

创建一篇思维导图日志

传统的日志是线性的，受时间约束并与一周中的每天、一年中的每月永久相连。它们是辅助规划的设备，并提供对已发生状况的回顾记录。

另一方面，思维导图日志以你的需求和愿望为主要关注点，同时也包含了传统日志的元素。

思维导图日志使用了与创建单个思维导图相关的所有指导原则：色彩、意象、符号、代码、幽默、幻想、整体性、维度、联想和视觉韵律。它将给你的内心想法提供真实反馈。它不仅仅是时间—管理系统，还是生命—管理系统。

思维导图日志理论上应包括下列阶段。

年度计划

在年初——无论是1月1日，还是别的时间（比如你的生日，或者年末业务结束日）——创建一幅能拟定你年度愿景的思维导图。它要尽可能积极，但并不需要包括具体的细节（这些将在下面的月度和日计划中考虑在内）。年度计划是你本年的积极愿景，本年发生的变化都应该是激励人心的。

你的年度计划应该包括：

- 色彩、代码、图像。
- 你同样也希望将在随着时间推移的每日和月度计划中持续保持一致的色彩—代码包括于内。

年度计划可以通过主题、季度、月度或任何你感觉合适的基本分类方式来组织。

各分支通常都要包括主题（基本分类概念），比如：

- 家庭和朋友
- 财富和工作
- 创造和休闲
- 健康和幸福

月度计划

你的月度思维导图日志是你年度计划的延续和发展，它将一年中的每个月作为起始点。你的思维导图月度计划应该包括：

- 日期和天数
- 每天的小时数

你可能会事先选择利用月度计划来规划，或者回顾性地核查进度。它是一个单独的、整月的回顾，或者是四周思维导图的组合。

- 使用代码和色彩—代码可以使你即刻展望未来一个月将发生的事情。
- 随着今年的继续，将每个月的计划紧挨着下月计划和年度计划放置，以帮助评估每个时期的工作重点和进度。
- 月份之间的相互参照能使我们更容易地评估事件的整体发展趋势。

日计划

每日思维导图以24小时为基准。在理想情况下，你可以为每天创建两幅思维导图：一幅作为远景计划，另一幅作为每日的回顾盘点（这同样形成了翌日计划的基础）。

在年度计划和月度计划中使用的色彩—代码和其他符号也能同样应用于日计划，因此，快速浏览一下这些日子能使你对"全局"有一个总览，并帮助你决定未来几天、几周和几个月的关注点。

思维导图日志的好处

思维导图日志有很多好处。这是唯一一个能一眼就同时给你广阔的生活蓝图和组成你生活的细枝末节的日志设备。举个例子，你将能看到上次的牙科预约是什么时候，以及你对所说的那天的总体感觉如何；或者你能识别出一笔主要商业交易合同签署的日期，以及你如何为那天晚上参加的音乐活动所激励。思维导图日志不仅仅关乎事实和日期，也关乎感觉、感情和激动人心的时刻。

思维导图日志是：

- 客观看待每一个生命事件的生命—管理工具。
- 你独特生活的迷人视觉提醒。
- 日期、趋势和关键事件的参考工具。

思维导图日志系统将使你稳步地控制自己的生活，并帮助你优化生活中对你来说最重要的不同领域。定期使用能帮助你回答和解决问题，并提高个人组织能力。如果你有家庭，你也可以通过调整此系统来鼓励他们定期使用思维导图。

家庭生活中的思维导图

无论你是否选择定期使用思维导图日志，使用年度思维导图去审视过去的成绩和统观未来的目标都是非常有价值的。生活中没有比个人和家庭更重要的领域了。

在中小学、大学和商业中，计划更倾向于自然而然地发生，以此作为年份节律和季节更替的一部分。在我们这个快节奏和疯狂的时代，看起来好像我们的家庭生活必须被安排在工作职责之余和其他的地方。

使用思维导图定期审视你的生活能使你确保生活—工作的平衡处于监控之下。待在你想待的地方、做你想做的事，这是一生机遇的最优选择。

重要的是，思维导图同样可以以一种富有建设性的方式与朋友和爱人交换意见（详见第63页）。

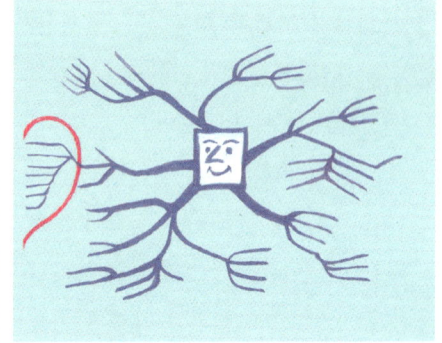

思维导图中的一生

花一些时间创建一生的思维导图,它并不需要多复杂。将自己置于中央,并将基本的类别包括进去,例如:

家　朋友　爱　家庭　孩子
工作　爱好
创造能力　财务状况　健康＆健身
精神——或任何其他适合你需要的类别

一旦你完成了此项任务——你可能想在几天内经简短的头脑风暴来处理它——仔细看一下你具有天赋却可能处于闲置状态的那些领域。近期你是否忽略了某些技能、兴趣、抱负、工作重点?评估并权衡一下这些结果。决定哪些想法或主题可以成为你的下一个目标。

将此置于新的思维导图中央,这次增加更积极的主题以鼓励你问问自己:你什么时候行动、你如何实现它、你为什么希望这样做、你将去往哪里、你需要谁来帮助你实现目标和你将做什么。(关于如何做这件事的提示,详见第46页。)

为了保持一个健康的平衡,即使在你生活变化的关键时期,也非常有必要确保你生活稳定的整体平衡。作为你生命成长的一个分支,一定也要保证其他基础分支的强壮。因此请不要忽略你的本质和自我认知。有一些我们大多数人都希望保持不变的生活方面:有利于亲密家人和朋友的好处、我们的个人兴趣、工作的挑战(无论我们是否会为此获得报酬)。

回顾你的年度思维导图将提醒你人生的旅途和迄今为止的成就。它们是你整整一生前进的记录,能为你(和下一代)对自我与人生已经历或正在经历的轨迹的认知提供洞见。

使用思维导图解决问题

思维导图不仅是个人对于世界的认知，它们也可以用于探究其他人的观点，并作为解决冲突和问题的一种方式。需要给所有投稿人平等的发言权时，思维导图还可以作为一种客观对比观点的方式。同时，它们既是实践和个人交流的工具，又是一种解决问题和明晰表达的创造过程。

前进的方向

如果你和其他人一起解决问题，你们可能会决定创建一幅共同的思维导图，或者，每个人创建自己的思维导图来展示一下，举例：

积极因素　问题　解决方案

每个思维导图都应该遵循为人们所熟知的绘制核心图像的过程，接下来便是在与核心主题相连的联想和关联中火速作出选择。然后，这些在一系列基本分类概念（BOI，详见第25页）下被组织起来并形成其他分支，最终以常规的方式优先排序。

结果共享

如果用思维导图来解决一个难题，那么允许其他人畅所欲言，并尊重每一个人的观点就非常重要。例如，你们每个人可以按顺序展示思维导图。应该首先展示消极意见，紧接着是积极意见，然后是解决方案，这样讨论就能以积极的方式进行。也就是说，完全可能使这个过程中的解决环节在一种积极并充满希望的意识框架下展开。

即使在感情强烈的时刻，对每个人的观点也要完全给予尊重。每一位听众都需要记住：无论他们多么不同意正在讲的话，展示者所说的一定是从个人角度来看的真实内容。

交流积极反馈能产生积极的能量，从而给交谈带来乐观的气氛，并能使所有人更加一心一意地倾听每个人的解决方案。

寻找双方共识区域的讨论可以紧随其后，并将行动计划部署在与行动的时间–界限点以及与后续安排相匹配的地方。这些解决方案可以结合在整体的思维导图中。

这个过程的好处包括：
- ⊙ 想法的公平交换。
- ⊙ 对整体情形的平衡认识——包括解决方案。
- ⊙ 所有参与者之间要诚实相待、相互尊重。
- ⊙ 公正全面地看待任何问题。
- ⊙ 思维导图可作为讨论记录。
- ⊙ 这个过程可以达成巨大的共识。

思维导图在个人和工作关系中的使用是本书所描述的所有应用方法中最具潜在挑战性的，同时也是最值得的。然而，只要认真仔细并相互尊重地推进过程，收获便将是无穷的。

下面几章将讲述思维导图如何在教育、工作和未来中发挥巨大作用。

第七章　教育行业中的思维导图

在我近期的生涯中，最激动人心的成就之一是世界范围内的教育者和儿童都已经开始以一种积极的方式使用思维导图作为教学和学习工具了。思维导图将教学和学习变成了一种趣味盎然、愉悦和高效的过程。

思维导图被用于教师培训的学位课程；规划课程；更简明地讲解复杂概念；修订说明；书评；家庭作业。同样有一些通用的高效电脑程序，它们能使思维导图的创建和更新变得快而简单。你们之中那些想对电脑和思维导图有更多了解的人可以参考《思维导图®》的第二十八章（BBC Active）。

教育中传统的"规范"意味着：制作列表和用单一色调记笔记是很好的，而绘制图画、涂鸦和空想是错误的。正如你目前所了解的，我自己的理念和发现所表明的正好相反：传统笔记记录限制了想法，而空想和绘画能提升发散性思维。

孩子越小，他或她就越少受限于传统教学理念的束缚，他们就能更自然地接受思维导图提供的创意思维。幼儿是天生的思维导图绘者。他们喜爱在他们写字、绘画和交流时画图，试用字母，使用强调、符号、色彩——更不用说贴标签了。

以思维导图的形式，利用关键词和图片讲述故事、课题、历史课程、音乐规则或数学主题会对幼儿吸收、记忆和回忆信息的方式产生高效和永久性的影响。年幼时被教授的思维导图技能可以变成自然地应用于一生的技能。

对那些老师和年龄较大的学生而言，思维导图的应用就更实际了：它使教学和学习成为一种更容易、更愉悦的经历。下面的这些主要应用概述了思维导图在教育中的核心益处。

准备讲稿

相对于逐字逐行地写讲义（或者讲义笔记），以思维导图的形式准备讲稿是一种更快速、更高效的方式。它能使演讲者对整个主题"一览无余"。

照着思维导图而不是线性笔记演讲同样能使演讲者更流利地讲述个人知识，而不是受限于刻板、沉重的规则。思维导图鼓励人们怀揣发自真知核心的热情演讲，而不是使他们再集中于在笔记中失去自我的忧虑。结果，每一次演讲都有些许的不同——并更专注。用这种方式起草与呈现演讲的好处是学生可以一直保持忙碌和充满兴趣，而不是昏昏欲睡，因为他们感到别人在读给他们听；演讲者也会享受演讲的过程，而不再对重复的乏味感到厌倦。

同样地，思维导图日志可以用于组织和规划个人的一年，思维导图同样也可以用于事先规划全年的学习计划、学期或是个人的课程和报告。

准备考试

作为高效学习的辅助设备，思维导图独领风骚，尤其是在考试中。如果考试的真正目的是检测学生的知识和理解力，思维导图将是完美的复习工具，因为它们允许学生将他们所了解的所有内容——那些他们需要了解的所有内容——概括成一个单独的、视觉系的可参考物。这意味着复习时，基本事实可以更快地查看和自我测验。学生可以通过重新构建思维导图，并将其与原初的"中心"思维导图中所保留的知识相对比来检测自我进度。

正如早前阐述的所有原因（见第四章），你的记忆力将会被吸引去记忆你的思维导图。这意味着以这样一种精确的方式存储信息是可能的，它可使我们直接回忆或在写考试论文时重新创造。

目前，许多商业、职业和教学课程可以将思维导图结合到他们的训练计划中，并可以评估学生在考试中构造的思维导图的质量。它们已经被成功地应用到从伦敦警察厅到帮助有阅读障碍孩子的教师这些形形色色的组织中。

一幅高效的教学/学习思维导图的关键特性是：

- ⊙ 材料覆盖的宽度。
- ⊙ 材料覆盖的深度。
- ⊙ 有自己的观点。
- ⊙ 有学习—加强的功能。如：色彩、符号、箭头。

使用思维导图教学和学习的好处

思维导图能自然地激发学生的兴趣，因为它们被创建来帮助练习，这能鼓励学生在课堂上更有接纳度和参与感。思维导图同样能使课程和报告成为学生和老师们自发的、富有创造性和愉悦的经历。思维导图系统的灵活性可使老师更容易依据所教授的年龄段和课程的需要来调整与变更课程。由于视觉和创造性注意力的集中，这个方法对教授那些有学习障碍，尤其是有诵读障碍的学生特别有效。

思维导图系统的另一个好处是，不像线性文本，思维导图具有既能展示事实也能展示这些事实之间的关系的灵活性,这样就更有利于理解。另外,因为它们仅包括与主题相关的资料,学生们就不会受到庞杂笔记的困扰,从而更有利于记忆考试所需的重要信息。

第八章 职业生涯中的思维导图

本章着眼于如何高效地将思维导图使用在管理会议中的信息，以及规划、头脑风暴、演示。

思维导图是工作中高效交流、管理、项目开发的完美工具。它同样是高效头脑风暴的理想设备，我们从而可以在报告写作中节约时间。思维导图可用来增进高效的交流：

会议　报告　管理

行业领导者、政治家、教育家和商业人士在商业管理中都经常使用思维导图。

例如：

大卫·伯特（David Burt），德国有限公司（Deutsch Ltd.）（为航空工业生产高质量连接插头的国际性公司）的主席，他在和公司员工交流基本信息时会使用思维导图。甲骨文公司（Oracle）的艾伦·马查姆（Alan Matcham）在过去的20多年中一直使用它们来规划和进行优先排序。他以电子版的形式使用它们，并和全球的同事共享以及探讨想法。

充分利用会议

出席会议的每一个人都将贡献一些想法——无论是针对会议本身，

还是针对从会议中学习到的知识。

在会议中使用思维导图记笔记的指导准则：

- ⊙ 核心图像将是会议的主题。
- ⊙ 组成思维导图核心分支的基本分类概念（BOI）是主要的议程项目。
- ⊙ 随着会议的推进，可以增加新的观点和想法来作为基本分类概念的分支。
- ⊙ 如果会议是由一系列展示组成的，你可能需要创建迷你思维导图来代表每个演讲者陈述的观点。
- ⊙ 只要所有的版本都在同一张纸上，当交叉参考和主题开始显现时，我们就能相对容易地指明它们。

作为团队思维导图的指导准则

在团队合作的情形下，拥有这样的思维导图将非常有用：它基本上既能跟踪共享的想法，又能鼓励人们创建自己的思维导图。使用这种方法，没有任何贡献能被忽视，而且以后可以添加任何的想法。

高效地使用色彩代码、符号、箭头和其他设备能确保思维导图的所有元素都能在会议结束时被绘制出来。既然小组中的每个人都有一些观点，那么把最终的版本发送给所有的与会者时，他们便会有一种共同参与的感觉。

在传统的头脑风暴情境中，有这样一种一直存在的危险：好的观点未被表达，或随着会议的推进，其他观点被最后或最大的声音所取代。同时，构建会议结构和写会议纪要的传统方法会极大地限制交流的灵活性。而思维导图允许想法的分门别类，以及允许它们产生于会议的任何阶段，这样就会有相反的效果。

一幅团队的思维导图应该包括会议的两个要素：

头脑风暴　规划

既然思维导图能对会议的真实内容有一个清晰均衡的表述，那么主持会议或作会议记录时，它们就尤其有价值。思维导图的结构将以议程项目为基础。想法、提出的讨论要点、行动的要点都可以增加到其中的一个分支上，并用每个与会者姓名的首字母标注。这个过程能给提出的每个主题更多的信任和平衡（如果可能，代码可以用来评估每一个贡献的重要性）。

在会议中使用思维导图的关键好处：
- 它们确保每个人理解彼此的观点。
- 所有的贡献都被置于文本合适的位置。
- 所有的个人贡献都被包括在内，能力、热情和团队成员之间的协作关系会得到加强。
- 会议的每个成员都要有完整的会议记录，这样能确保每个人都理解和记住了关键的决策。
- 高效的思维导图能加速会议进度，并节约作决策需要花费的时间。
- 思维导图能增加达成目标的机会。

交流和准备信息

高效交流

高效交流在商业中是非常必要的。如果交流比较弱或主管部门畏首畏尾，分部门就会迷失方向，生意就会失败。

思维导图适用于商业管理有以下几个原因。商业人士都是在时间极其宝贵的环境下工作的，思维导图可以使复杂和细节性的信息更快速、更简单地得到交流，并且是以一种每一个人都可以理解的方式。

商业的需求与教育的需求是相似的，因为在这里，人们需要被激发积极性，同时也积极参与正在发生的事。思维导图可以被每个人理解，它能轻易地保持更新和流通，并且完全参与其中能使所有的职员奉献更多。

功能强大的演示文稿

功能强大的演示文稿能使观众充满热情并吸引他们，这能使它成为一种与许多人交流基本信息的理想方式。对讲师而言，这些好处与第72页的大纲是相似的。另一方面，差的演示将有相反和消极的影响。因此被要求制作演示文稿会使人们充满恐惧。

准备和规划是制作成功演示文稿的关键，思维导图则是帮助你达成目标的完美工具。

准备的指导准则与用于教学和自我评估的指导准则相似。

⊙ 选择一个关键、核心的图像来代表你演讲的主要主题。
⊙ 通过思维导图绘制一系列连珠炮似的能迅速与主题相关的想法。
⊙ 选择最重要的主题，使其变成思维导图的主要分支，并挑战这些

第八章 职业生涯中的思维导图 77

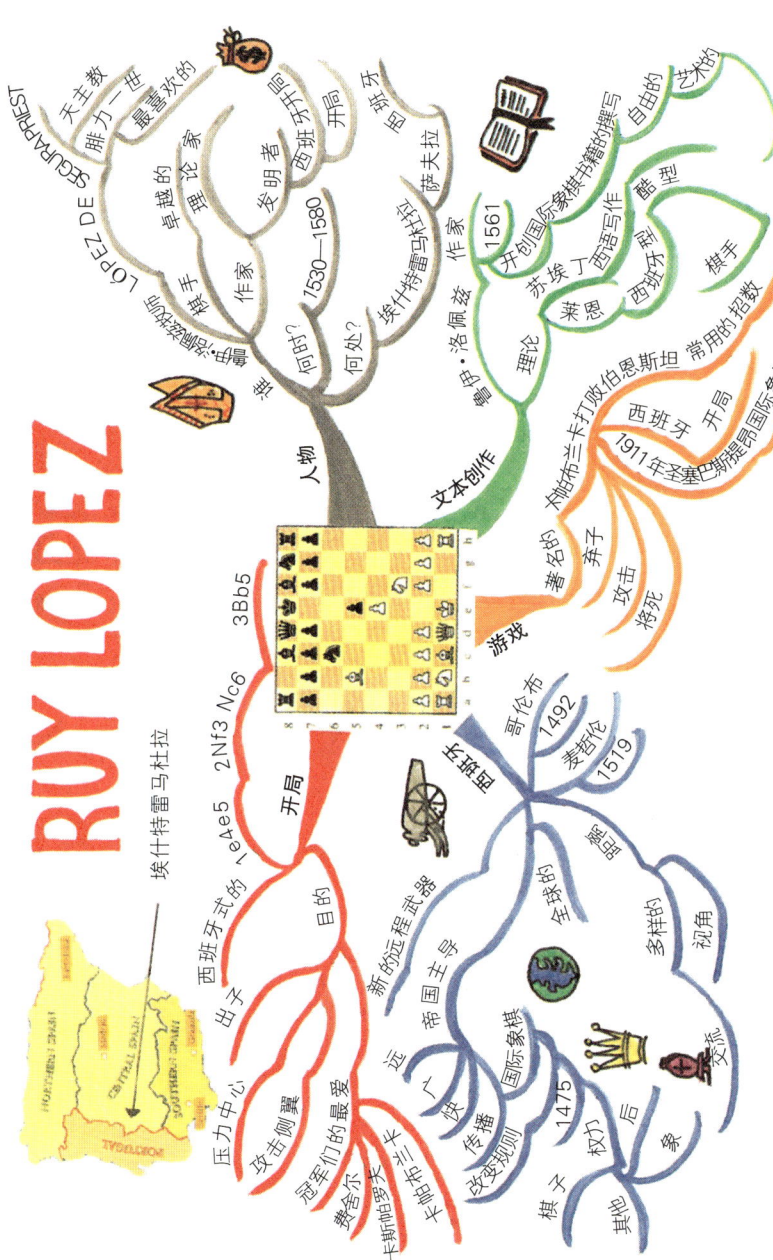

这幅思维导图由大英帝国勋章获得者（OBE）、国际象棋特级大师雷蒙德·基恩（Raymond Keen）为西班牙的电视演讲所绘制。

想法以查看是否能想到其他应该被包括在内的主题。
- 将每个主题集中在思维导图的分支上，思考最多 50 个与关键主题相关的关键词和图像组合。你的目标是大约每分钟能说出 1 个关键词。

下面决定每个主题的优先顺序：将每个部分的主题分解成最基本的要素，并给每个分支编号。以便你对展示资料的顺序一目了然。

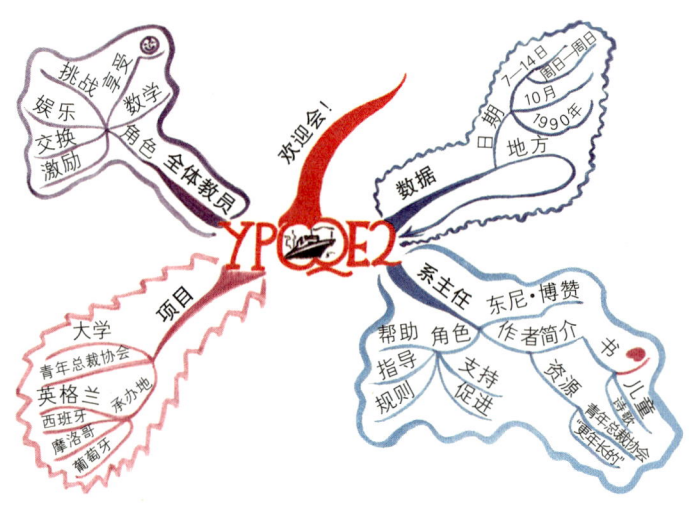

这幅思维导图由东尼·博赞（Tony Buzan）绘制。当他还是青年总裁组织学院的系主任时，面向由教授和政要组成的国际团队进行了欢迎演讲。

- 增加代码、色彩、箭头和其他连接以指明关联、联想和实际干预——比如使用的幻灯片、视频或引进的其他资料等。
- 给每个主题加入时间限制——然后你所需要做的就是遵循自己的指令。

与那些由教师所作的有经验的演讲相似，使用思维导图为演讲作准备有许多好处。

- 你可以使观众感兴趣,因为报告是真实并独创的。
- 你没有详细的注释,更能做你自己,并通过肢体语言加强交谈。
- 你的演讲将是一个位于已组织好的预演讲与随性交谈之间的完美平衡——没有书页的沙沙声或幻灯片展示的刻板。
- 如果合适的话,你可以自由地使你的观众参与进来,并接受与会者的提问。
- 你将发现,酌情根据观众、时间、场景来更新和改变交谈更加容易。

思维导图给主持人自然地演讲以自由和灵活性,并使其井然有序。如果你中途被干扰了,思维导图模式会给予你将这些岔口或问题合为整体的灵活性。如果需要,你同样可以轻松地加快或减慢你的演示。

简单地说,在报告中使用思维导图的好处是:
- 它们能增加你的参与以及与观众的眼神交流。
- 你将自由地做自己,并可以四处移动——这将激发人们的兴趣。
- 演讲者和倾听者均能更多地参与到报告中。
- 思维导图能给你更大的灵活性和适应性——使你能按要求延长或缩短报告的长度。
- 相较于通过手写笔记准备的报告,思维导图生成的谈话更易记忆、更高效,也更令人愉悦。
- 你将再也不会重复同样的表现。

针对管理者的思维导图

我们每一个人都是管理者。我们都在管理我们的时间、生命、与朋

由BHL公司（B. H. Lee & Company）的会计师布莱恩·李（Brian Lee）绘制的思维导图，该思维导图着眼于商务实践中可能存在的发展、危险和扩张等。

友和同事的交流方式、未来规划。我们写下来的规划比我们存储在脑海中的规划更易变成现实，因为我们给了它们愿景和实质。你将了解到，理论上，表达这些想法最有效的方式是思维导图。

思维导图可以被商业活动中的任何人应用在任何情形下。在某些情形下，线性笔记经常被使用，这些情形包括：

- 管理结构和变化
- 研究和开发/未来的优先事项
- 销售和市场政策
- 领导技能、培训和职员发展
- 时间—管理体系
- 盈利能力和生存能力
- 未来愿景/扩张

第九章 未来的思维导图

你刚刚将自己的思想推进了几个世纪！

工业革命时期，在工厂、生产线和军事发展中，标准化线性笔记记录是刻板和线性化的体现。思考同样是一种简单的"非此即彼型"的类别。

这样的思维和线性方式不再适用于这个信息和知识爆炸、要求非线性和发散性思考、更具快速性和灵活性的时代。你恰恰学会了反映这个时代特性的工具。

思维导图适合于21世纪，记录线性笔记则适合于19世纪。

一旦你习惯了创建思维导图，你将发现你可以开始更直观地使用它们做笔记、列表、计划，并交流观点，直至它们变成你生命中无可估量和不可缺少的一部分。

记住，当你发展自己的思维导图技能时，你的大脑中拥有两个满是星星的宇宙。第一个是你的脑细胞，上万亿个超小型计算机，形状就像辐射光线的星星。

第二个是由想法的星星所扩充的无穷宇宙：发散联想和在无穷的网络中关联彼此的核心想法。

这就是形成思维导图基础并由思维导图反映出来的两个宇宙。当你构思导图时，你将深入了解到不是一个，而是两个宇宙的力量。

思维导图解决了由来已久的难题：只见树木，不见森林；或者，一叶障目，不见泰山。使用思维导图，你能同时看到森林和树木。

与此同时，一位高级公务员注意到：在使用思维导图数月后，笔记的量已经有了显著的降低，而它们的能量和精确性却有了显著的提升。作为一名热心的环保人士，他提出了这样的口号："使用思维导图可以保护树木！"

思维导图能使你控制、指导自己的想法和情绪。

思维导图是思考和感知工具。

正如你将逐渐看到的，和使用想法的可能性相比，思维导图有一样多——乃至无穷——的应用。

通过持续不断地使用和学习更多的理论知识以及应用，你将成为21世纪拥有快速发展和开发知识资本的"大脑银行账号"的真正思考者。

就你的大脑而言，你将发现它是至关重要的，而思维导图正是使用、培养和发展它的绝妙方法。

拓展阅读

对那些准备进一步提升知识储备的人们来说，我的思维系列丛书包括了如何最大化利用大脑和记忆力的深层指导准则。下列书籍可在BBC Active 上获得：

《开动大脑》(*Use Your Head*)
《思维导图®插图版》(*The Illustrated Mind Map® Book*)
《启动记忆》(*Use Your Memory*)
《掌握记忆》(*Master Your Memory*)
《快速阅读》(*The Specd Reading Book*)

出版后记

身处这个资讯发达的时代,我们既坐享着互联网的便捷之利,但也同时为信息爆炸的负担所累。科技的发展推动了各类思维整理软件与手机应用的诞生与繁荣,并且,科学哲学家们也提出了"延展心智"的理念,即我们的思考不局限在生理结构的大脑范围之内,诸如智能手机、计算机等外部设备也是"外部大脑"一般的存在。然而,软件的过于多样化与没有完全统一的"同步"生态却使我们无法非常完整地取出寄存于外部设备的想法。因此,这种依赖于"延展心智"或者"外部大脑"的手段依旧无法摆脱零散的困境。

然而,无论身处哪个时代,只要有学习这回事,人们就都会面对无穷且不断更新的知识遗产。东尼·博赞先生在学生时代就深感学习笔记的零散与繁多,可是却又苦于找不到可以参照实践的学习方法。不过,不同于向外的延展,博赞先生选择的是另一个方向,即对人类大脑的再发现与再开发。博赞先生在某次访华时说:"买电脑、汽车等都会有厚的说明书,可是人的大脑——全世界最有深度和力量的机器却没有使用说明书。我要写出来。"学习的热情,配合以对自我提高的渴望,博赞先生在这些动力的基础上重新建立了一套高效的学习方法。

本书共分为九章。首先,博赞先生概览式地介绍了思维导图®的基础概念与可以应用的情景与场所。然后通过分析人类大脑运作的特点,博赞先生设计了能自然地符合大脑运作规律的学习方法,使学习与吸收知识的效率达到最大化。接着,博赞先生清晰地说明了思维导图®的使用规则和方法,然后带领读者将其应用在不同的场合中。本书拥有大量丰富的图解，引导读者逐步建立起使用思维导图®来组织知识和想法的习惯。明确的规则说明，辅以对错误应用的提醒，读者可通过博赞先生清晰简明的指导，切实有效地构建起清晰的分类系统，并同时将它们有机地联系在一起。

由此观之，博赞先生并不是凭自己的主观认识而创造了这样的一套学习方法，而是以最贴合大脑自然本性的方式来科学地改革我们的学习。其实，这套学习方法在如今这个风靡"外部大脑"的智能时代也大有用武之地，因为"外部大脑"所强调的是人类大脑的扩展，而如何有效地认识与管理自己的"大脑"，这是哪个时代的人们都需要学习并具备的技能。

综上所述，本书是一本非常生动、有趣，但同时又极为实用的自助学习之书。此书并不以静态的方式提供书面知识，它会调动读者的主动参与，引导互动式的学习。相信读者朋友们在阅读的过程中会积极地投入其中，重新认识自己的大脑，并将该套学习方法有效地运用于生活、工作和学习的各个层面。愿所有阅读完此书的读者朋友们都能不断地突破旧我，发现并成为更好的自己。

服务热线：133-6631-2326　188-1142-1266
服务信箱：reader@hinabook.com

后浪出版公司
2016年3月